AF450612

PLANCHES

DU

CATALOGUE DE LA COLLECTION MINÉRALOGIQUE

DU

COMTE DE BOURNON.

A LONDRES,

De l'Imprimerie de R. JUIGNÉ, 17, Margaret Street, Cavendish Square,
SE VEND CHEZ L. DECONCHY, 100, NEW BOND-STREET.

1813.

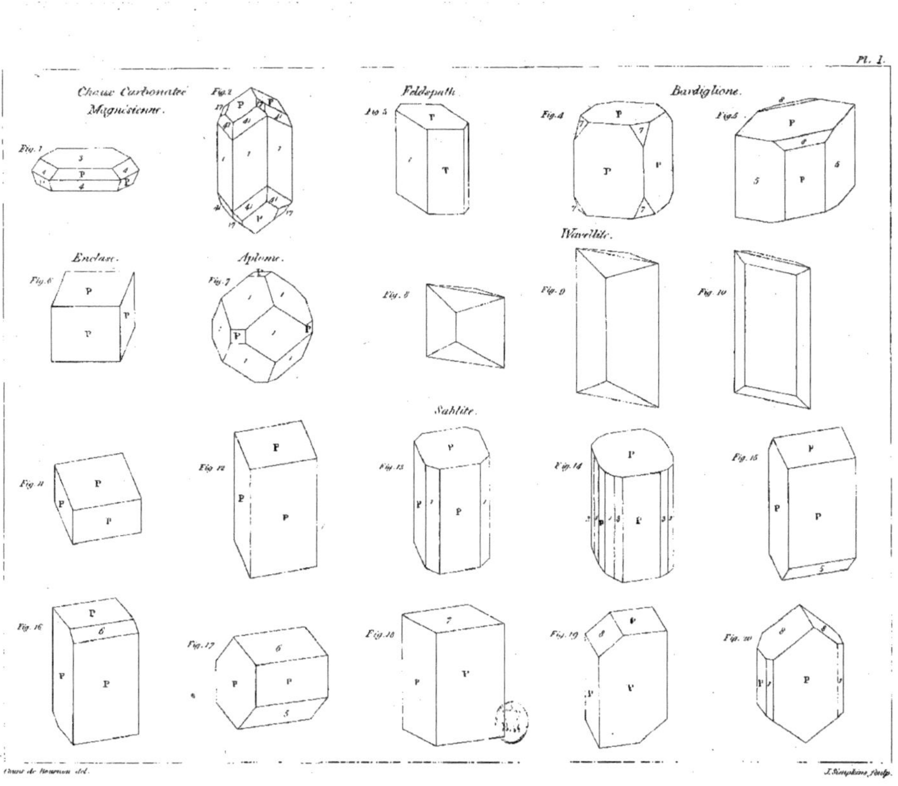

Chaux Carbonatée Magnésienne.
Feldspath.
Bardiglione.
Fig. 1.
Fig. 2.
Fig. 3.
Fig. 4.
Fig. 5.
Euclase.
Aplome.
Wavellite.
Fig. 6.
Fig. 7.
Fig. 8.
Fig. 9.
Fig. 10.
Sahlite.
Fig. 11.
Fig. 12.
Fig. 13.
Fig. 14.
Fig. 15.
Fig. 16.
Fig. 17.
Fig. 18.
Fig. 19.
Fig. 20.

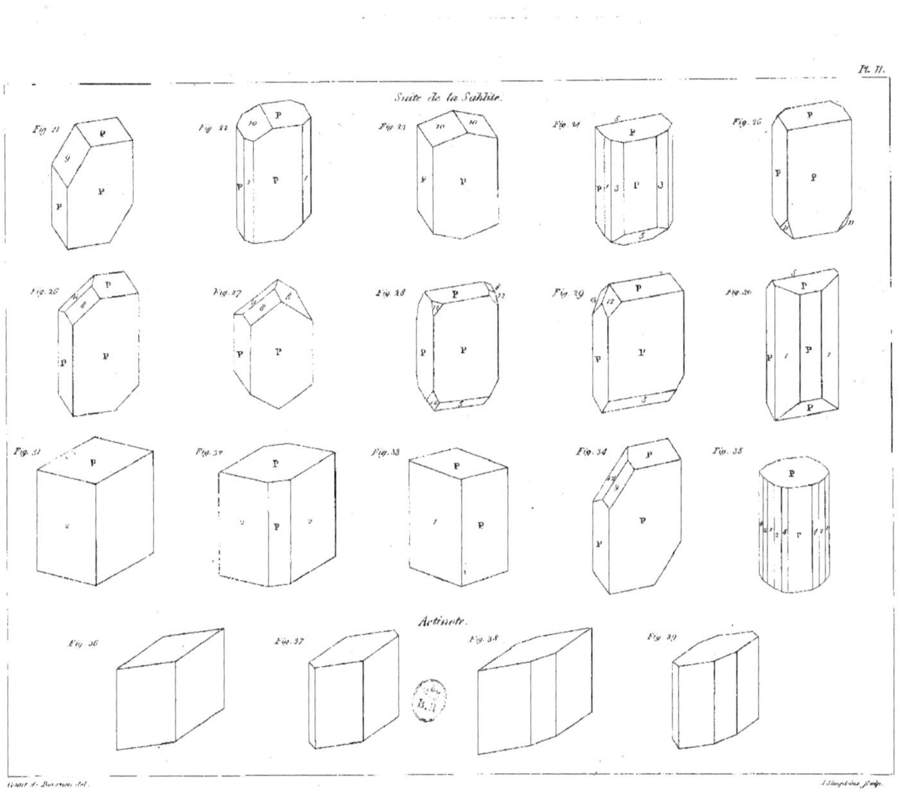
Suite de la Sabline.
Fig. 21
Fig. 22
Fig. 23
Fig. 24
Fig. 25
Fig. 26
Fig. 27
Fig. 28
Fig. 29
Fig. 30
Fig. 31
Fig. 32
Fig. 33
Fig. 34
Fig. 35
Actinote.
Fig. 36
Fig. 37
Fig. 38
Fig. 39

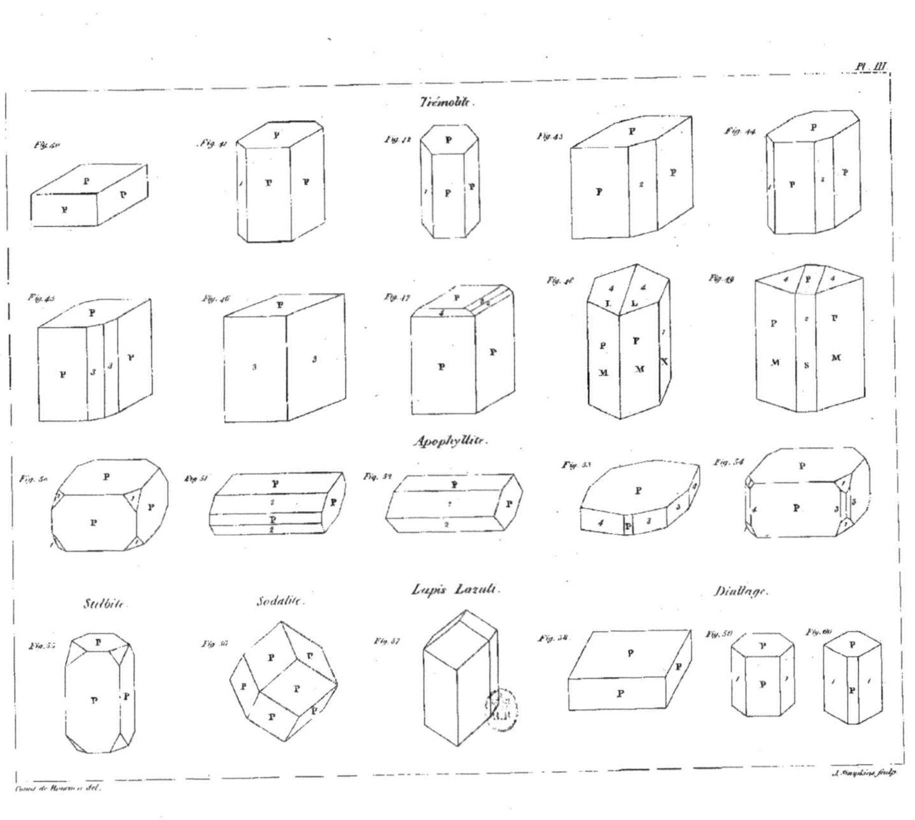

Coquand del.

A. Sanglizre sculp.

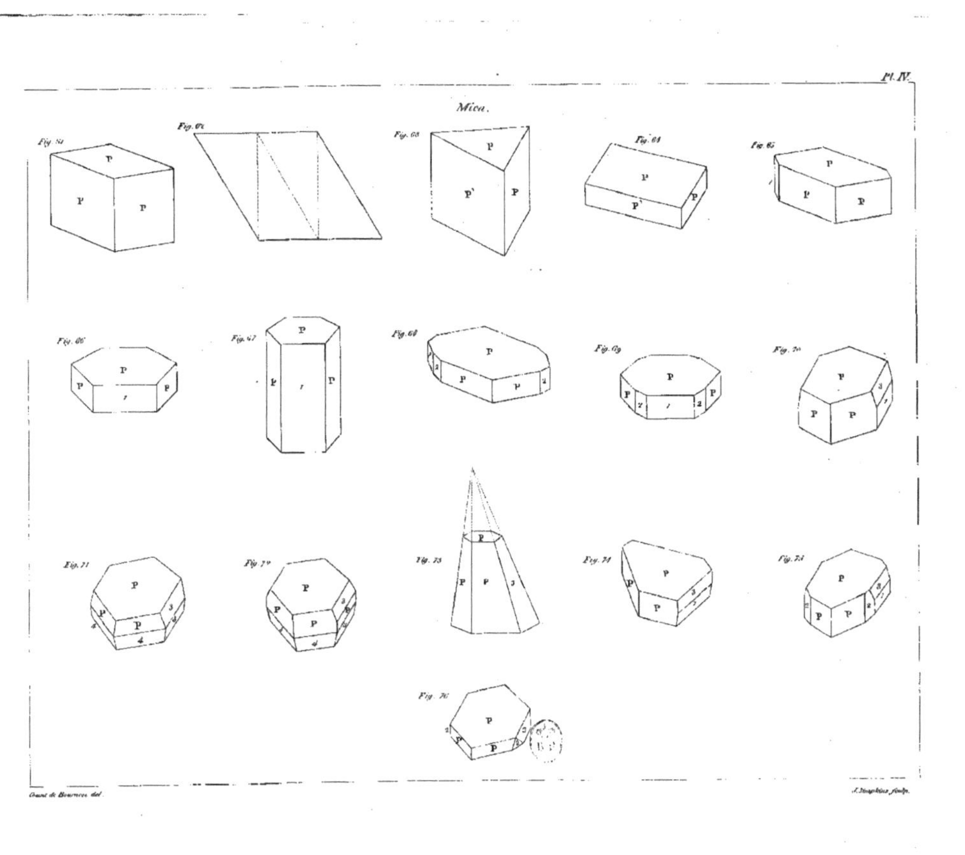

Mica.
Fig. 61
Fig. 62
Fig. 63
Fig. 64
Fig. 65
Fig. 66
Fig. 67
Fig. 68
Fig. 69
Fig. 70
Fig. 71
Fig. 72
Fig. 73
Fig. 74
Fig. 75
Fig. 76

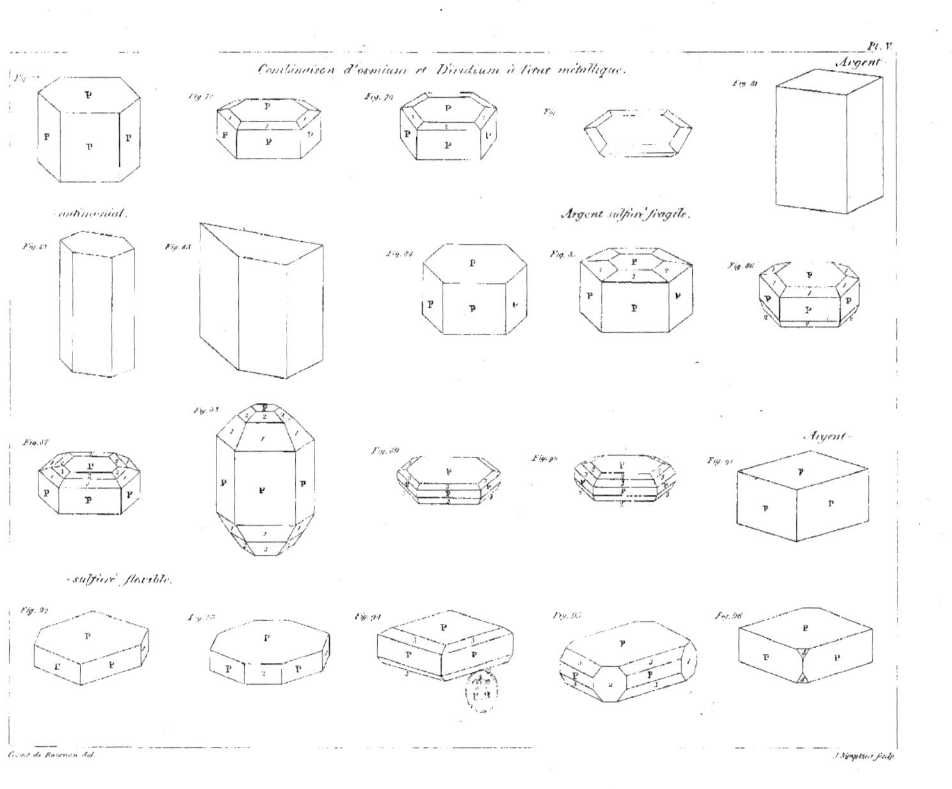
Combinaison d'osmium et d'Iridium à l'état métallique.
Argent
antimonial.
Argent sulfuré fragile.
Argent
sulfuré flexible.
Fig. 76
Fig. 78
Fig. 79
Fig. 80
Fig. 81
Fig. 82
Fig. 83
Fig. 84
Fig. 85
Fig. 86
Fig. 87
Fig. 88
Fig. 89
Fig. 90
Fig. 91
Fig. 92
Fig. 93
Fig. 94
Fig. 95
Fig. 96

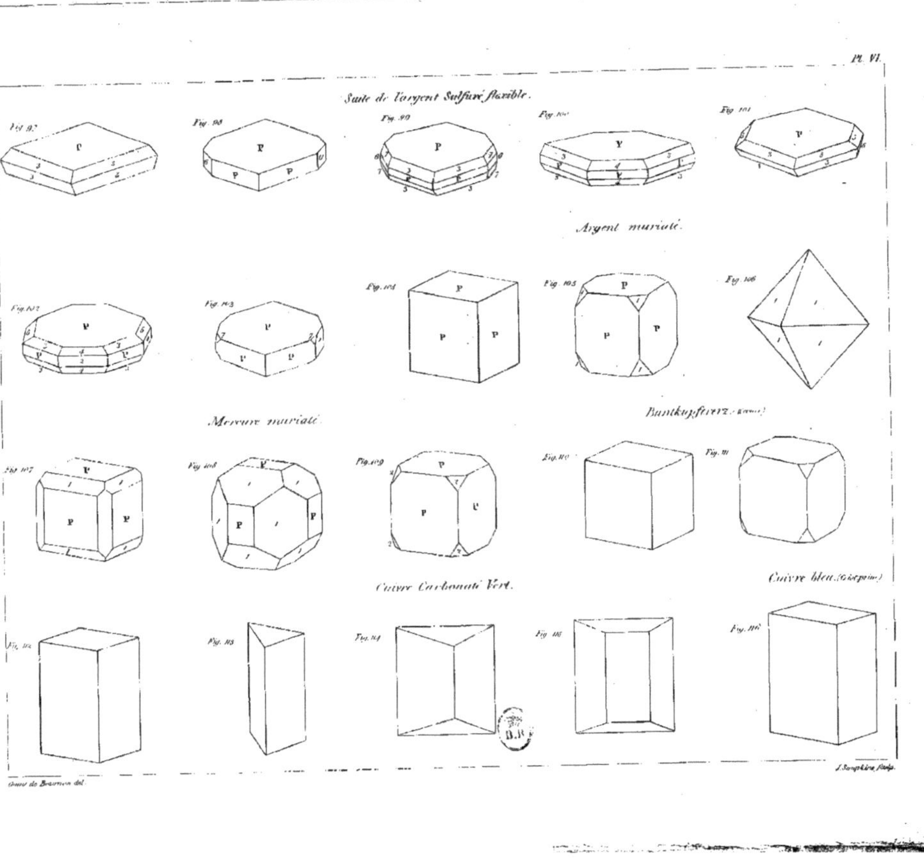

Suite de l'argent Sulfuré flexible.
Argent muriaté.
Mercure muriaté.
Buntkupfererz.
Cuivre Carbonaté Vert.
Cuivre bleu.

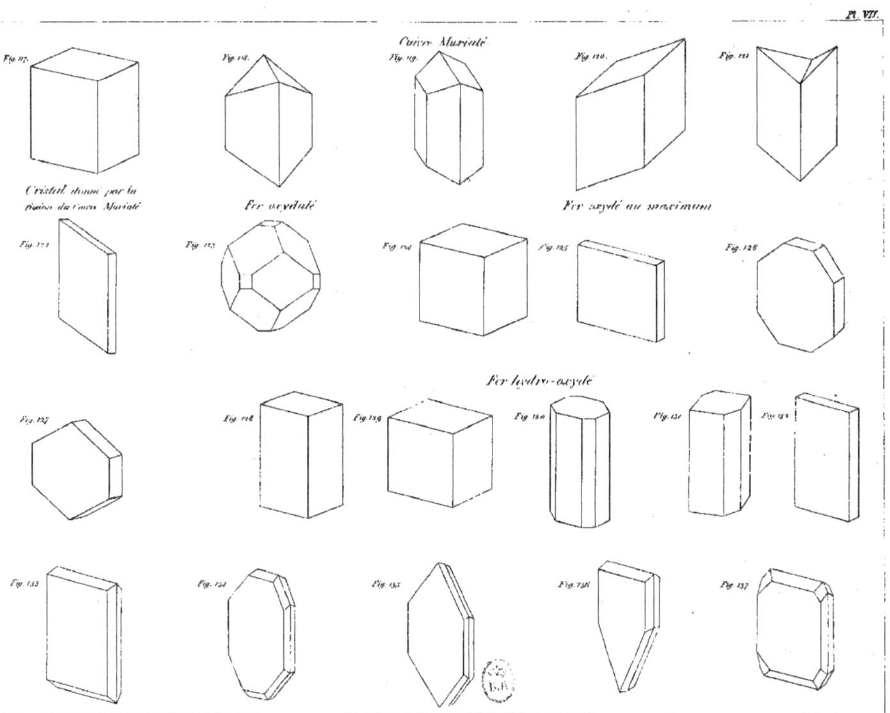

Fig. 117.
Fig. 118.
Cuivre Muriaté
Fig. 119.
Fig. 120.
Fig. 121.
Cristal donné par la
fusion du Cuivre Muriaté
Fer oxydulé
Fer oxydé au maximum
Fig. 122.
Fig. 123.
Fig. 124.
Fig. 125.
Fig. 126.
Fer hydro-oxydé
Fig. 127.
Fig. 128.
Fig. 129.
Fig. 130.
Fig. 131.
Fig. 132.
Fig. 133.
Fig. 134.
Fig. 135.
Fig. 136.
Fig. 137.

Suite du fer hydroxydé.

Fer Sulfuré octaèdre.

Fer oxydé piciforme.

Fer Sulfuré prismatique rhomboïdal.

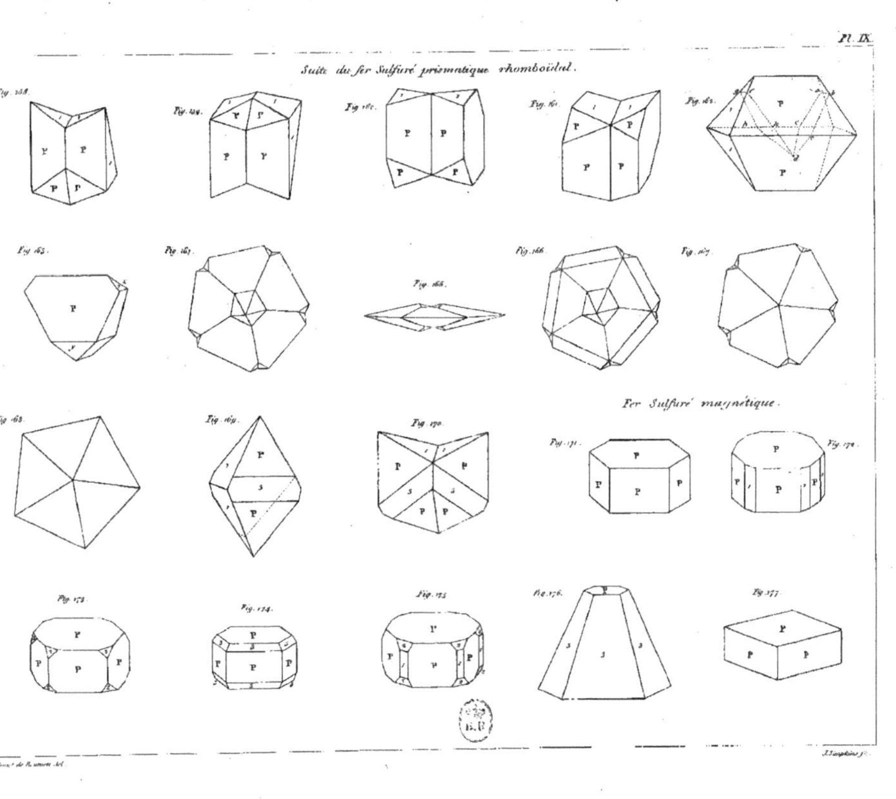

Suite du fer Sulfuré prismatique rhomboïdal.
Fer Sulfuré magnétique.

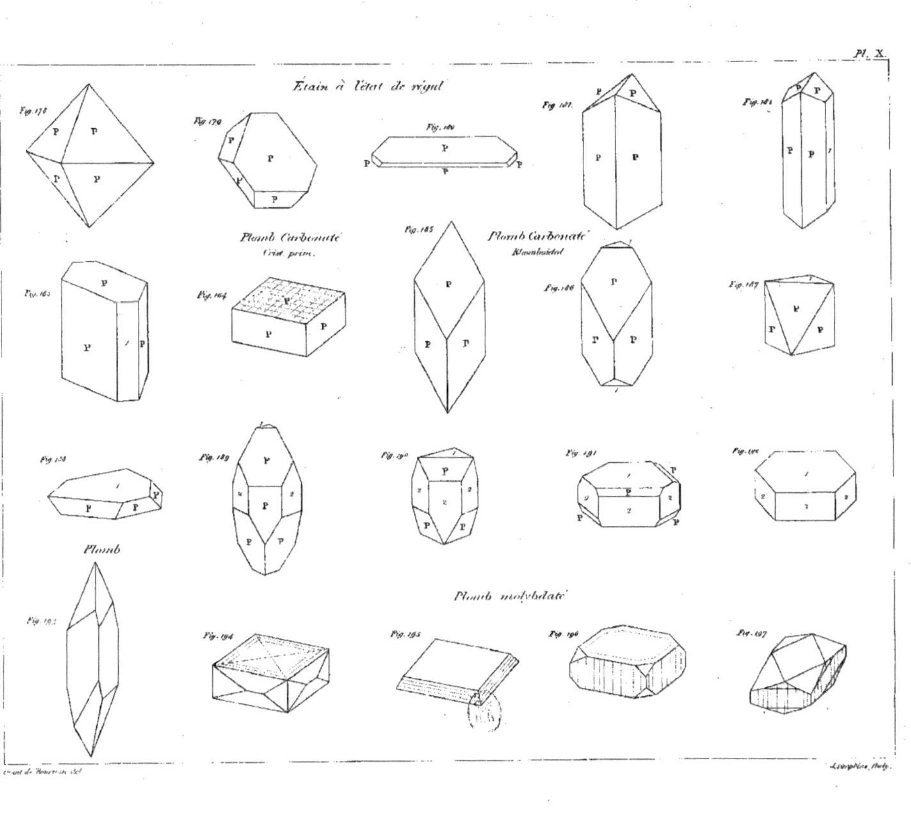

Étain à l'état de régule
Plomb Carbonaté
Crist. prim.
Plomb Carbonaté
Plomb
Plomb molybdaté

Pl. XI.

Suite du plomb molybdaté.

Plomb - murio-carbonaté.

Suite du plomb murio-carbonaté.

Zinc oxydé quartzeux.

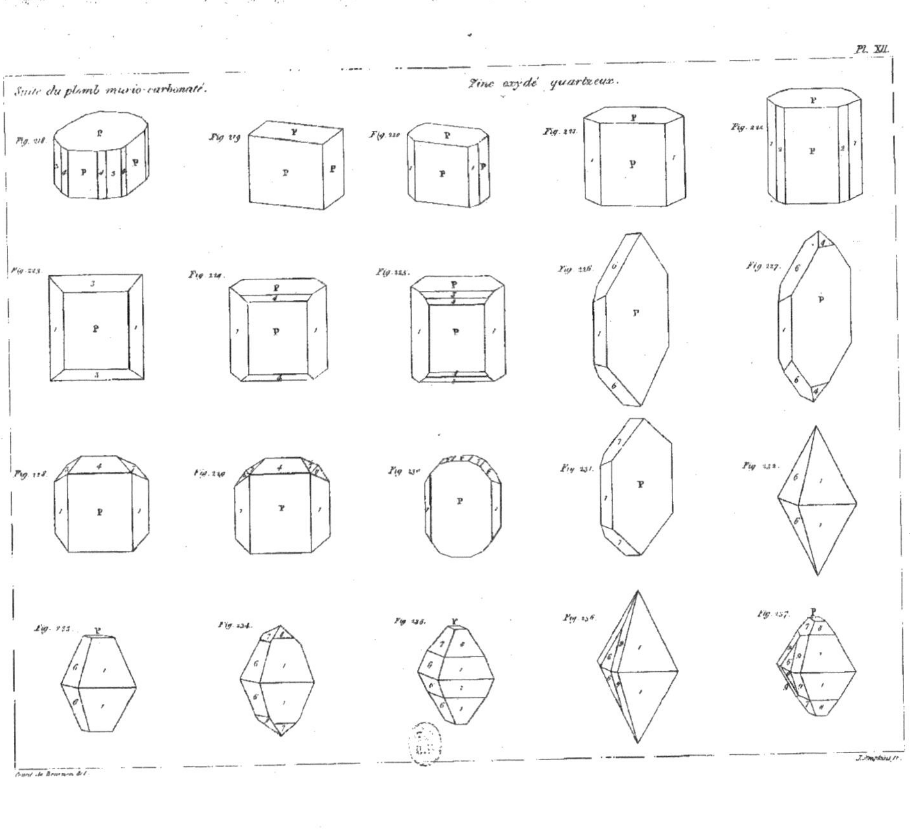

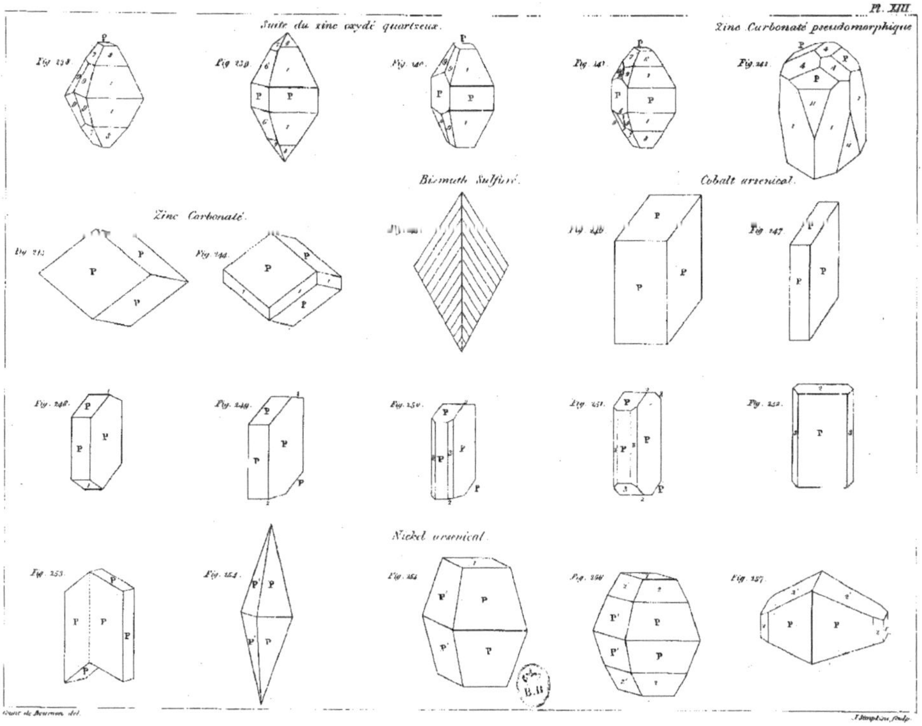

Suite du zinc oxydé quartzeux.

Zinc Carbonaté pseudomorphique.

Zinc Carbonaté.

Bismuth Sulfuré.

Cobalt arsenical.

Nickel arsenical.

Fig. 238. Fig. 239. Fig. 240. Fig. 241. Fig. 242.

Fig. 243. Fig. 244. Fig. 245. Fig. 246. Fig. 247.

Fig. 248. Fig. 249. Fig. 250. Fig. 251. Fig. 252.

Fig. 253. Fig. 254. Fig. 255. Fig. 256. Fig. 257.

Suite du Nickel arsenical.

Fig. 258. Fig. 259. Fig. 260. Fig. 261. Fig. 262.

Fer oxydulé manganésien.

Antimoine Sulfuré.

Fig. 263. Fig. 264. Fig. 265. Fig. 266. Fig. 267.

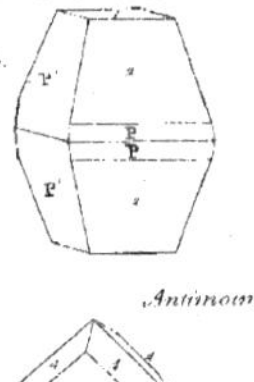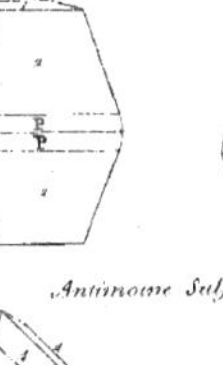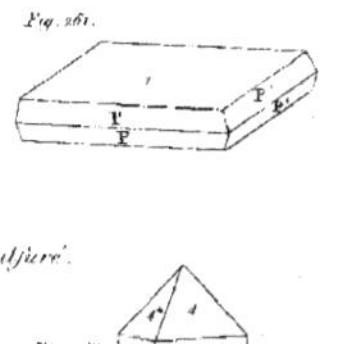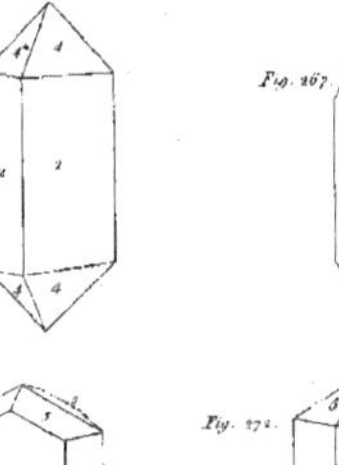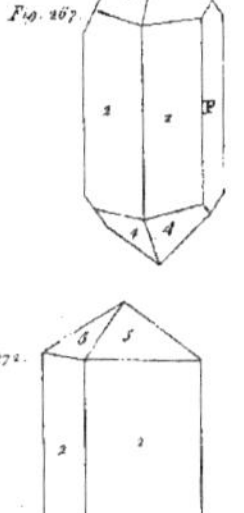

Fig. 268. Fig. 269. Fig. 270. Fig. 271. Fig. 272.

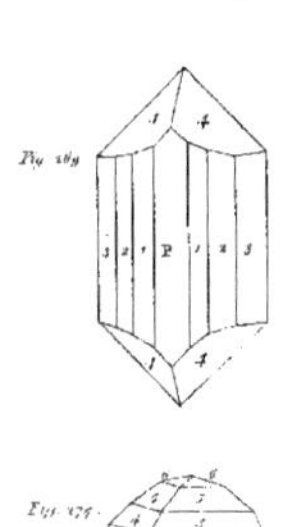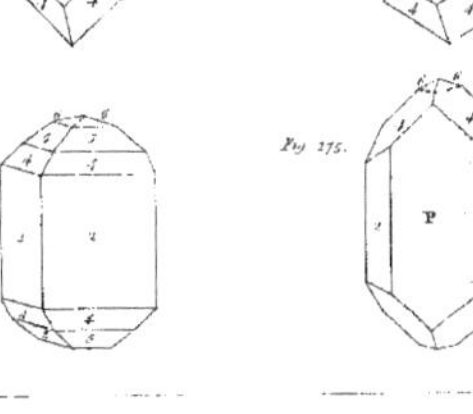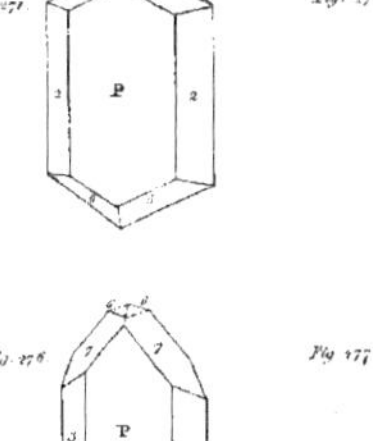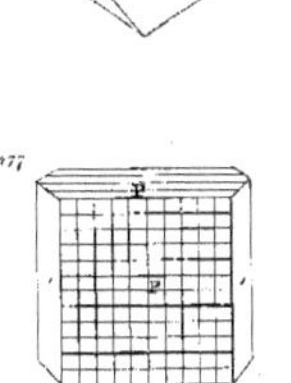

Fig. 273. Fig. 274. Fig. 275. Fig. 276. Fig. 277.

Pl. XV.

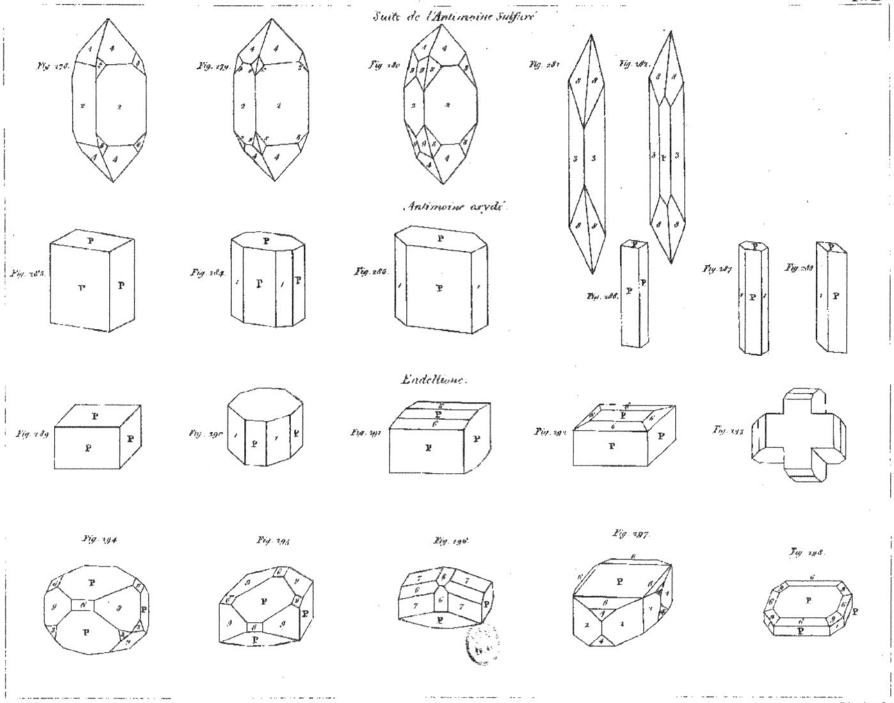

Suite de l'Antimoine Sulfuré
Fig. 278.
Fig. 279.
Fig. 280
Fig. 281
Fig. 282.
Antimoine oxydé.
Fig. 283.
Fig. 284.
Fig. 285.
Fig. 286.
Fig. 287
Fig. 288
Endellione.
Fig. 289
Fig. 290
Fig. 291
Fig. 292
Fig. 293
Fig. 294
Fig. 295
Fig. 296.
Fig. 297.
Fig. 298.

Count de Bournon del.

J. Simpkins sc.

Suite de l'Endellume.

Fig. 299. Fig. 300. Fig. 301. Fig. 302. Fig. 303.

Fig. 304. Fig. 305. Fig. 306. Fig. 307. Fig. 308.

Fig. 309. Fig. 310. Fig. 311. Fig. 312. Fig. 313.

Fig. 314. Fig. 315. Fig. 316.

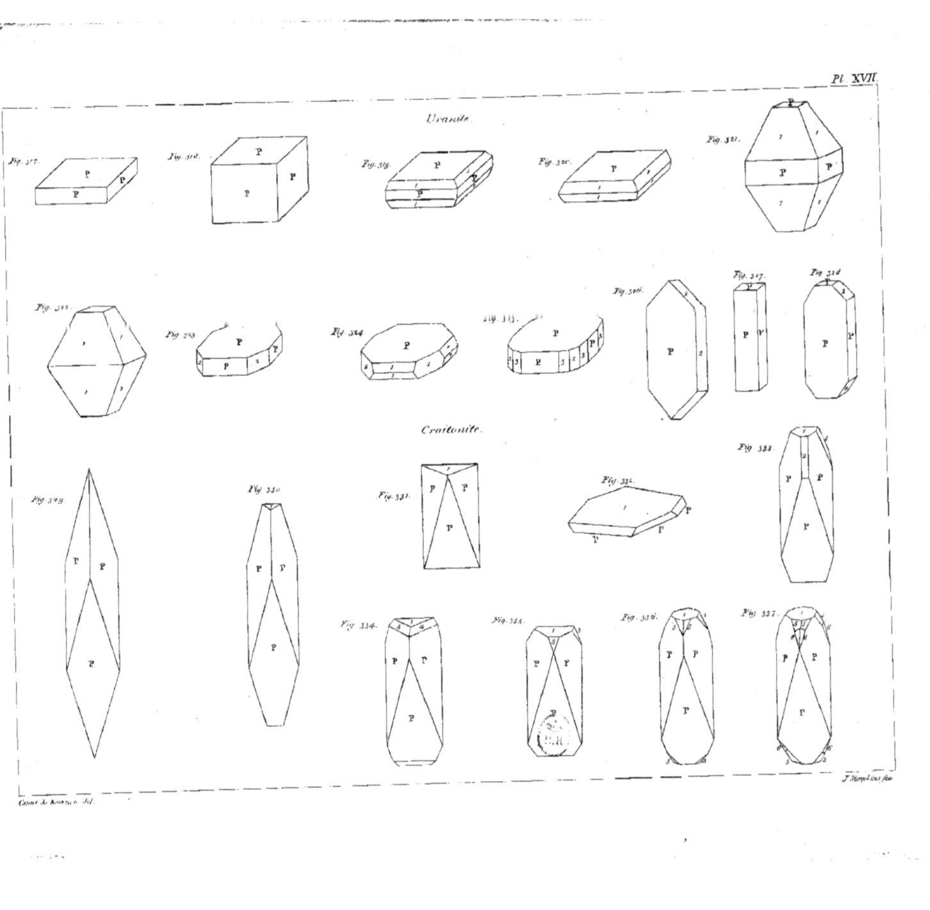

Uranite.
Craitonite.
J. Berzelius sen.
Cuvier de Montule del.

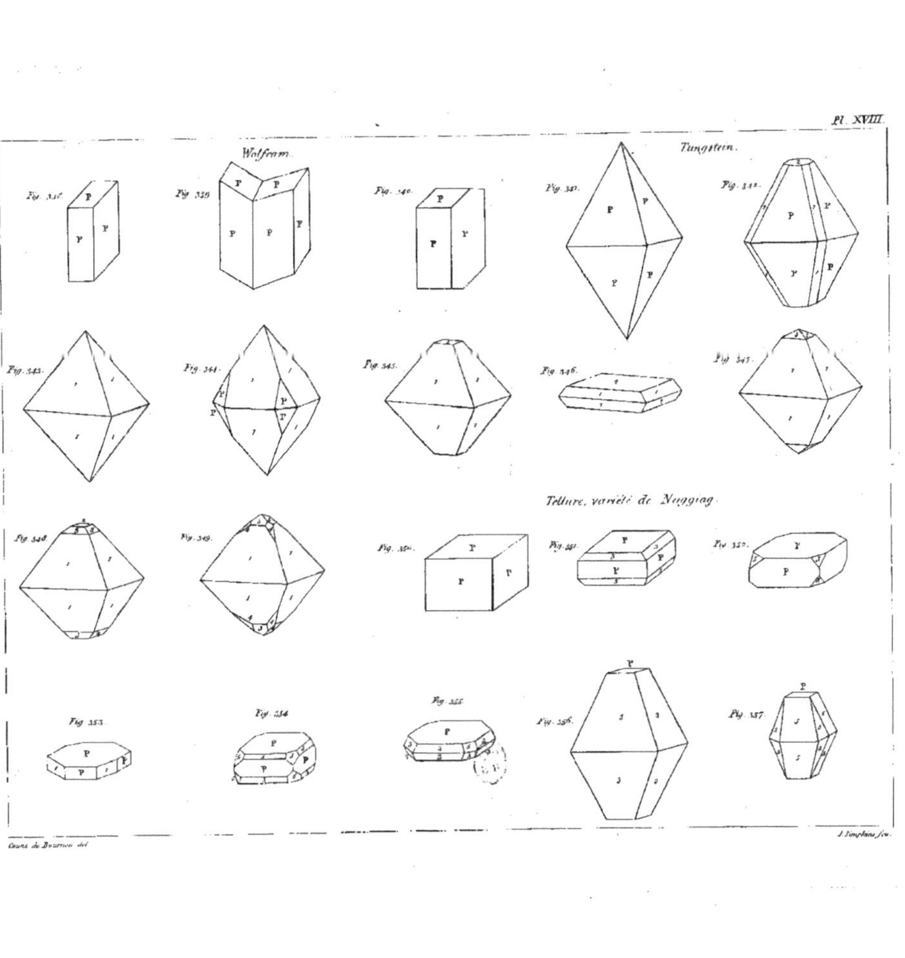

Ouvr. de Bournon del.

J. Simplon sc.

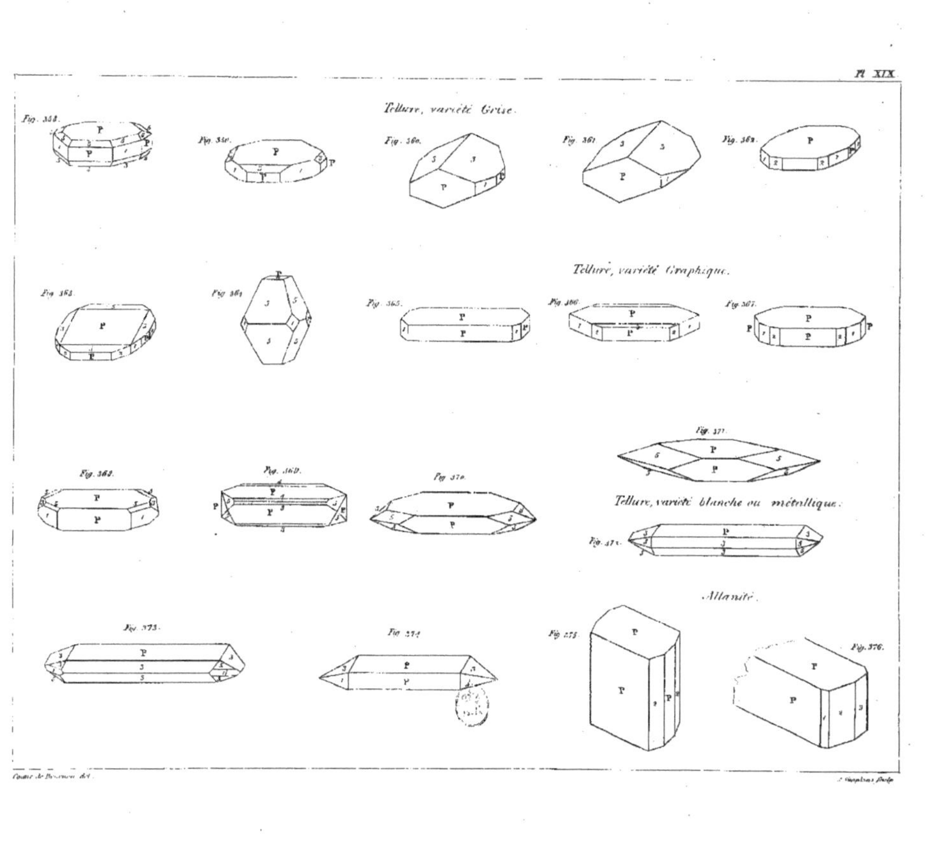

Tellure, variété Grise.
Tellure, variété Graphique.
Tellure, variété blanche ou métallique.
Allanite.

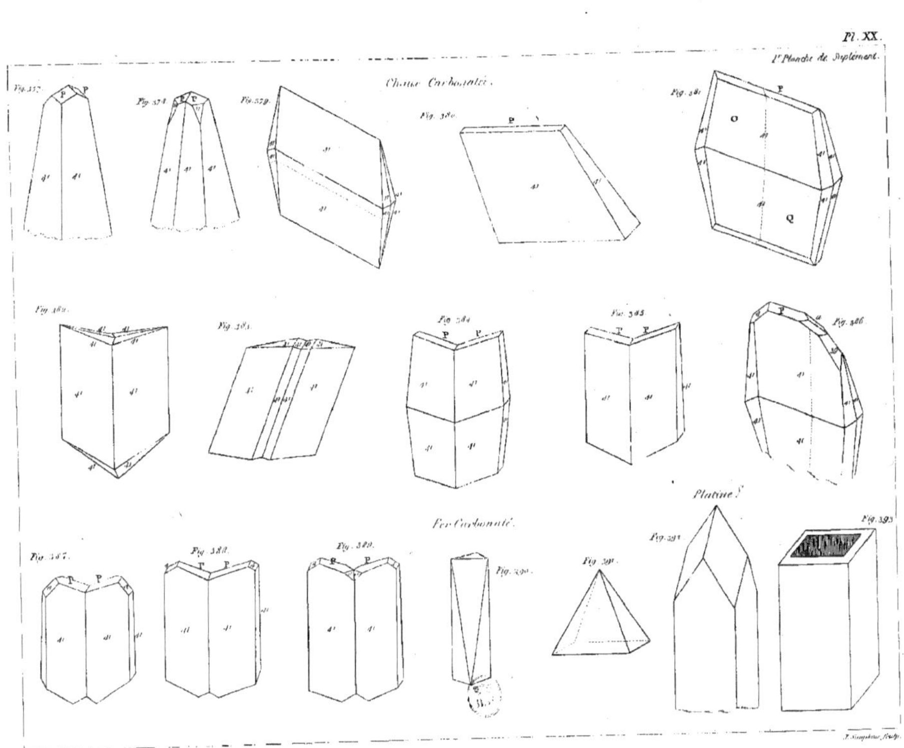

Chaux Carbonatée.
Fer Carbonaté.
Platine.

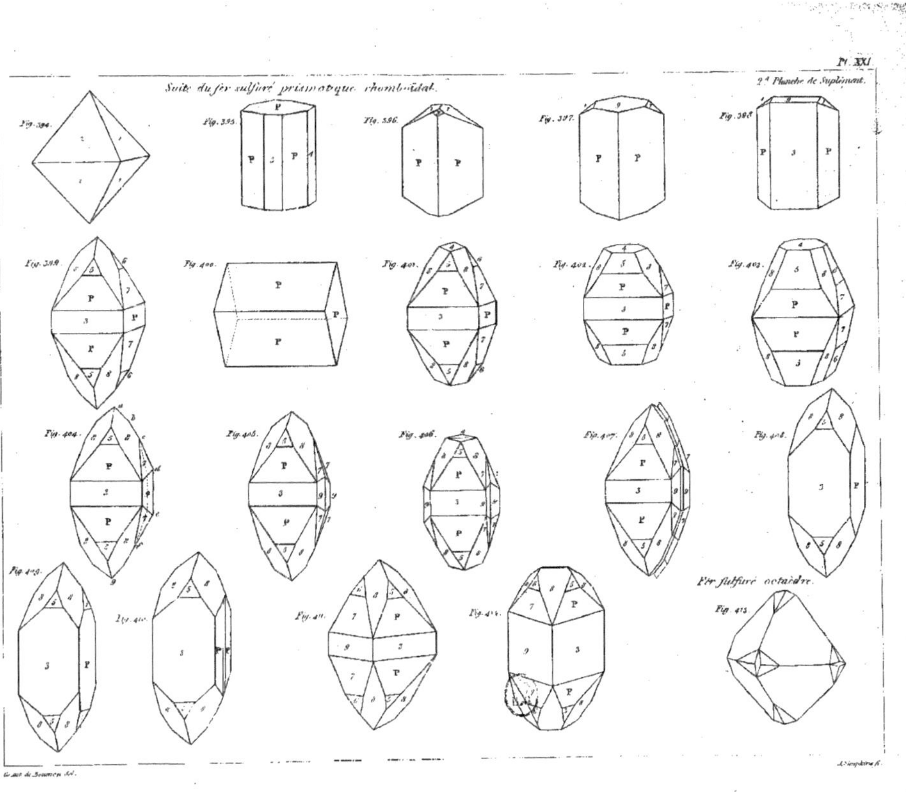
Suite du fer sulfuré prismatique rhomboïdal.
2.ᵉ Planche de Suplément.
Fig. 394.
Fig. 395.
Fig. 396.
Fig. 397.
Fig. 398.
Fig. 399.
Fig. 400.
Fig. 401.
Fig. 402.
Fig. 403.
Fig. 404.
Fig. 405.
Fig. 406.
Fig. 407.
Fig. 408.
Fig. 409.
Fig. 410.
Fig. 411.
Fig. 412.
Fer sulfuré octaèdre.
Fig. 413.